Savina Tincheva
Tihomir Todorov
Albena Todorova

Exploração de uma doença genética rara num pequeno país

Savina Tincheva
Tihomir Todorov
Albena Todorova

Exploração de uma doença genética rara num pequeno país

Verificação genética e rastreio de região endémica presumível para a miotonia congénita tipo Becker na Bulgária

ScienciaScripts

Imprint

Any brand names and product names mentioned in this book are subject to trademark, brand or patent protection and are trademarks or registered trademarks of their respective holders. The use of brand names, product names, common names, trade names, product descriptions etc. even without a particular marking in this work is in no way to be construed to mean that such names may be regarded as unrestricted in respect of trademark and brand protection legislation and could thus be used by anyone.

Cover image: www.ingimage.com

This book is a translation from the original published under ISBN 978-620-2-05411-9.

Publisher:
Sciencia Scripts
is a trademark of
Dodo Books Indian Ocean Ltd. and OmniScriptum S.R.L publishing group

120 High Road, East Finchley, London, N2 9ED, United Kingdom
Str. Armeneasca 28/1, office 1, Chisinau MD-2012, Republic of Moldova, Europe
Printed at: see last page
ISBN: 978-620-7-77287-2

Conteúdo:

Resumo

A miotonia congénita tipo Becker é uma doença autossómica recessiva não distrófica do músculo esquelético, causada por mutações no gene *CLCN1*. A doença é caracterizada por rigidez muscular e incapacidade do músculo para relaxar após contração voluntária. Aqui relatamos os resultados do teste genético molecular de 9 famílias, encaminhadas para sequenciação do gene *CLCN1*. As mutações causadoras da doença foram detectadas em 7 dos casos, representando diversos tipos de alterações nucleotídicas: nonsense (p.Arg894*), splice-site (c.1471+1G>A), missense (p.Val273Met; p.Tyr524Cys; p.Gly482Arg), deleção (p.Pro480HisfsTer24; c.(2490+1_2490- 1)_(3054+?)). Foram detectadas duas alterações adicionais num indivíduo assintomático (c.2284+5C>T e p.Phe167Leu). Duas das mutações detectadas são interessantes do ponto de vista populacional. A nova mutação missense p.Tyr524Cys foi encontrada numa grande família búlgara com indivíduos afectados em ambas as direcções vertical e horizontal da linhagem, todos eles portadores da mutação em homozigotia. Habitam uma aldeia localizada na parte noroeste do país. Os casamentos endogâmicos são muito invulgares na população búlgara, o que pressupõe uma elevada frequência de portadores nesta subpopulação. O rastreio de 154 residentes da região correspondente revelou uma frequência significativa de portadores da mutação p.Tyr524Cys de cerca de 0,65% (1/154). A segunda região interessante no contexto da Miotonia congénita tipo Becker é a parte sudoeste do país, onde encontrámos uma grande família de origem turca búlgara. A mutação missense p.Val273Met, causadora da doença, estava novamente presente em estado homozigótico. Surpreendentemente, o teste genético de recém-nascidos do sudoeste da Bulgária revelou um estatuto de portador ainda mais elevado, de cerca de 2,6% (3/116), refutando a nossa hipótese inicial de que os casamentos endogâmicos (tradicionalmente comuns nesta subpopulação) fossem a causa da doença nestes doentes. No entanto, não se pode excluir a probabilidade de os casamentos consanguíneos serem a causa de um maior exagero da frequência de portadores, de qualquer modo muito elevada.

Doenças raras

Uma grande parte das doenças genéticas continua a ser pouco estudada, uma vez que se insere no grupo das doenças raras. Em termos europeus, uma doença rara é definida como uma doença com uma prevalência inferior a 1:2000 indivíduos. Cerca de 7000 doenças podem ser qualificadas como raras. O pequeno número de indivíduos afectados, bem como a variabilidade fenotípica frequentemente observada mesmo em doentes com a mesma doença genética, complica seriamente o processo de investigação e compreensão deste grupo específico de doenças. Em termos de países pequenos, como é o caso da Bulgária, muitas das doenças genéticas são representadas apenas por casos isolados. No entanto, a sua importância socioeconómica não deve ser subestimada. No seu conjunto, as doenças raras representam uma causa significativa de impedimento da vida social, de incapacidade grave e até de morte. Em média, 6 a 8% da população da Europa sofre de uma doença rara. Nos grupos consanguíneos, a prevalência aumenta artificialmente de forma significativa. Os casamentos entre indivíduos estreitamente relacionados podem dever-se a limitações geográficas, crenças religiosas ou tradições. Nestes casos, a probabilidade de combinar dois defeitos num gene é significativamente mais elevada do que a média da população em geral. Tudo isto define a necessidade de prestar atenção ao grupo das doenças raras e de dedicar a investigação ao esclarecimento dos princípios comuns da patogénese e à aplicação dos conhecimentos teóricos à prática. O esclarecimento da correlação genótipo-fenótipo é de importância crucial para o prognóstico correto do desenvolvimento da doença. A identificação do defeito genético molecular que causa um determinado fenótipo patológico é o primeiro passo para a definição da terapêutica adequada correspondente à patogénese da doença e não apenas um alívio sintomático.

Capítulo 1. Introdução

Quadro clínico

A miotonia congénita é uma doença não distrófica do músculo esquelético, caracterizada por rigidez muscular e incapacidade do músculo para relaxar após contração voluntária ou estimulação mecânica. O termo miotonia tem origem na palavra grega para músculo *"myo-"* e na palavra latina para tensão *"tonus"*. A doença foi descrita pela primeira vez em 1876 pelo médico holandês-alemão Asmus Julius Thomas Thomsen, ele próprio afetado por miotonia congénita [Thomsen, 1876]. Os sintomas são mais pronunciados após um período de repouso e melhoram com o exercício - um fenómeno conhecido como efeito de aquecimento. Infelizmente, este efeito enfraquece pouco tempo depois da cessação da atividade física. Alguns indivíduos sofrem quedas frequentes devido a movimentos precipitados ou perda de equilíbrio. Durante a queda, o doente pode sofrer uma paralisia parcial ou total transitória. Esta caraterística típica da doença pode ser excecionalmente perigosa em caso de queda em água fria. As crianças caem com muito mais frequência do que os adultos, provavelmente devido à sua impulsividade.

Podem distinguir-se dois tipos principais de miotonia congénita: tipo Thomsen (MIM# 160800) e tipo Becker (MIM# 255700). Estes diferem de acordo com os sintomas e o modo de hereditariedade. A miotonia congénita do tipo Thomsen, nomeada em homenagem a Julius Thomsen, representa a forma autossómica dominante da doença, ao contrário do tipo Becker, que é herdado de forma autossómica recessiva. Este último tem o nome do professor alemão Peter Emil Becker, que identificou este subtipo da doença [Becker, 1966]. A miotonia congénita tipo Becker apresenta um fenótipo mais grave e geralmente mais tardio durante a infância [Thomsen, 1876; Becker *et al.,* 1977]. No que diz respeito ao início, o termo congénito refere-se estritamente apenas à forma de Thomsen, os primeiros sintomas no caso do tipo Becker podem apresentar-se com um atraso significativo (aos 4-6 anos de idade) [Lossin *et al.,* 2008]. A forma autossómica recessiva afecta principalmente os músculos dos membros inferiores, progredindo mais tarde para os músculos dos membros superiores, do pescoço e da face. Com o tempo, pode desenvolver-se uma ligeira fraqueza muscular permanente [Becker *et al.*, 1977]. Em ambos os tipos de miotonia congénita, os indivíduos afectados apresentam rigidez muscular associada à miotonia e aumento anormal dos músculos (hipertrofia). O aumento significativo da massa muscular, bem como os músculos esqueléticos pronunciados, conduzem a um aspeto atlético dos doentes, provavelmente resultante do estado quase constante de contração muscular (Figura 2) [Varkey *et al.*, 2003]. A hipertrofia apresenta-se mais frequentemente nos músculos dos membros inferiores e é mais pronunciada no caso do tipo recessivo Becker.

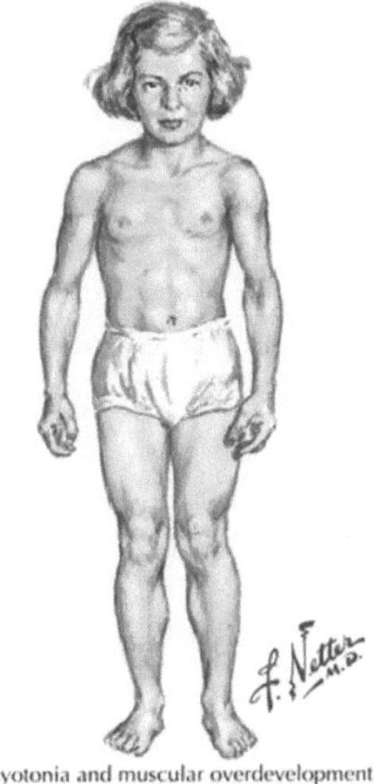

Figura 2. Hipertrofia dos músculos esqueléticos típica da miotonia congénita [Varkey *et al.*, 2003].

A miotonia é generalizada e causa desconforto, no entanto a dor muscular não é típica da doença, mas alguns doentes ainda a sentem [Fialho *et al.*, 2007]. A gravidade da rigidez pode ser afetada por vários factores [Heatwole *et al.*, 2007; Mankodi, 2008] como a emoção [Thomsen, 1876; Gutmann *et al.*, 1991; Trip *et al.*, 2009], a temperatura [Thomsen, 1876; Gutmann *et al.*, 1991; Trip *et al.*, 2009], o exercício

[Thomsen, 1876; Colding-Jorgensen, 2005] e durante a gravidez [Lacomis *et al.*, 1999; Trip *et al.*, 2009].

O efeito de aquecimento foi descrito por Thomsen em 1876, mas a etiologia ainda não é clara. Os doentes experimentam um alívio da rigidez muscular após uma contração muscular repetitiva até ao ponto de um alívio quase total. O efeito dura cerca de 5 minutos [Birnberger *et al.*, 1975]. Existem muitos mecanismos hipotéticos que poderiam explicar este fenómeno, mas nenhum deles é, por enquanto, definitivo.

Durante um exame neurológico, os sintomas podem ser identificados sob a forma de miotonia de ação, ou seja, após contração voluntária, ou miotonia de percussão - após estimulação mecânica (Figuras 3 e 4).

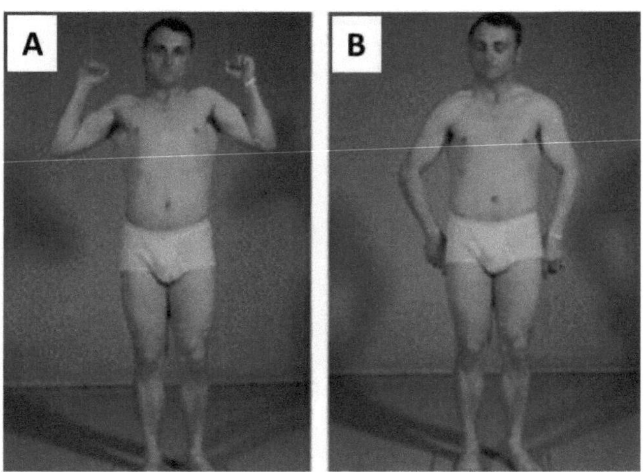

Figura 3. Miotonia de ação grave. A. O doente contraiu os músculos coxofemorais superiores. B. O doente não consegue descontrair os músculos após a contração voluntária.
[http://oxfordmedicine.com/view/10.1093/med/9780199873937.001.0001/med-97801998 739 37-chapter-9].

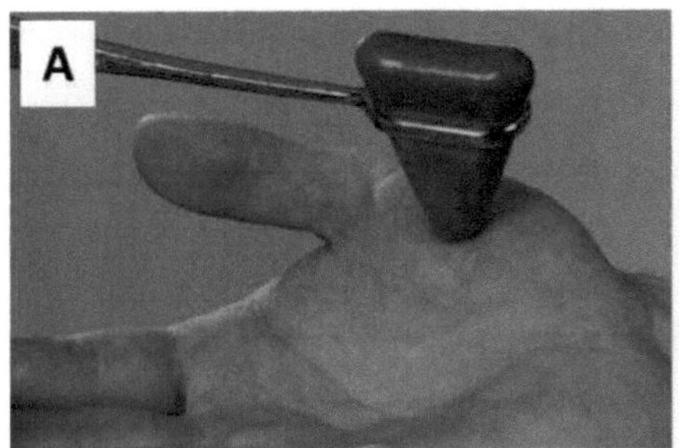
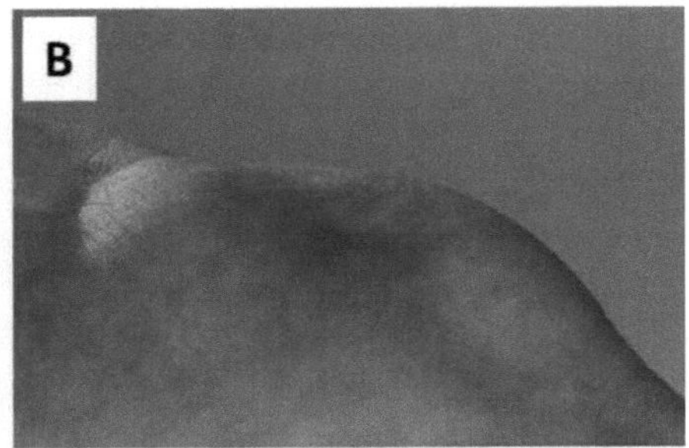

Figura 4. Miotonia por percussão. A. Após o relaxamento da mão, a eminência tenar é golpeada com um martelo de reflexo. B. Uma contração persistente ("covinha") é visível durante 10 segundos ou mais neste doente com paramiotonia congénita. [http://oxfordmedicine.com/view/10.1093/med/9780199873937.001.0001/med97801 99873937-chapter-9].

Os níveis de creatina quinase sérica estão dentro dos limites normais ou ligeiramente elevados em ambas as formas de miotonia congénita. A EMG demonstra descargas eléctricas espontâneas e repetitivas características, denominadas descargas miotónicas (Figura 5). Normalmente, o músculo responde a um estímulo com um único potencial de ação. Pelo contrário, no caso da miotonia, a resposta representa uma série de potenciais de ação. Em alguns casos muito ligeiros, é possível que a EMG anormal seja a única manifestação da doença, sem a presença de rigidez muscular ou reacções de miotonia. Esta condição é conhecida como "miotonia latente".

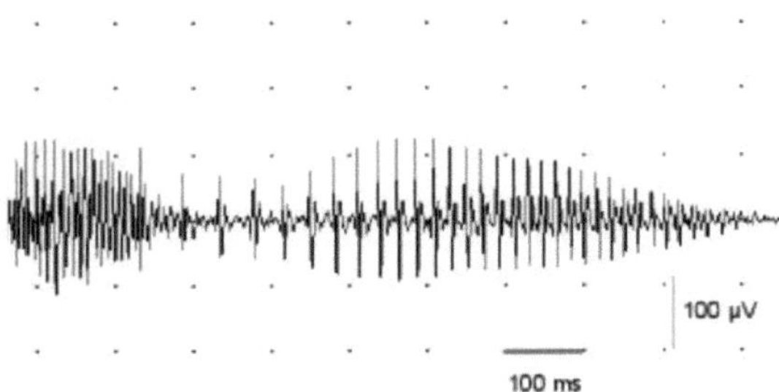

Figura 5. EMG de um paciente com miotonia congénita. Podem ser observadas as descargas miotónicas típicas. [http://oxfordmedicine.com/view/10.1093/med /9780199873937.001.0001/med-9780199873937-chapter-9].

A biópsia muscular apresenta geralmente um resultado normal, embora por vezes possam ser encontradas anomalias inespecíficas como o aumento das fibras musculares, a variabilidade das dimensões, o aumento do número de fibras musculares com núcleos centrais e a ausência de fibras do tipo IIB.

Os primeiros sintomas que podem ser observados nos doentes durante a infância são: dificuldades de deglutição, engasgamento, movimentos rígidos com melhoria após repetição, quedas frequentes e dificuldades na abertura das pálpebras após apertar os olhos ou chorar (sinal de von Graefe) [Wakeman *et al.*, 2008].

As complicações possíveis incluem pneumonia por aspiração (causada por dificuldades de deglutição), engasgamento frequente (no caso dos bebés, também devido a dificuldades de deglutição), fraqueza dos músculos abdominais, problemas articulares crónicos, traumas resultantes de quedas.

Variabilidade fenotípica

Tanto a forma dominante como a recessiva apresentam uma variabilidade fenotípica significativa. A gravidade dos sintomas pode variar muito entre diferentes indivíduos, por um lado, e por outro, ao longo da vida do indivíduo. Esta peculiaridade pode ser parcialmente explicada pelo facto de, até ao momento, terem sido identificadas mais de 160 mutações diferentes que causam a doença, cada uma com as suas especificidades. Além disso, a miotonia congénita é uma doença causada por defeitos de um canal iónico e este tipo de moléculas é sensível a factores ambientais. Está provado que a gravidez [Basu *et al.*, 2010] e a utilização de diuréticos [Bretag *et al.*, 1980] conduzem ao agravamento da miotonia, uma vez que ambas as condições estão associadas à perda de catiões bivalentes, por exemplo, magnésio e cálcio [Raman *et al.*, 1991]. É bem sabido que a epinefrina agrava a miotonia e um doente com miotonia congénita pode sofrer um agravamento súbito das dificuldades motoras, ainda por cima numa situação de stress que provoque a libertação de uma quantidade significativa de epinefrina no organismo. Um grande número de doentes refere um agravamento dos sintomas com a diminuição da temperatura ambiente [Nielsen *et al.*, 1982].

Prevalência

A miotonia congénita tipo Becker é mais comum do que a forma dominante de Thomsen da doença, com frequências correspondentes de cerca de 0,6 e 0,3 por 100.000, respetivamente, na população em geral (http://www.rarediseases.org). Uma exceção é apenas o norte da Escandinávia, onde a prevalência da miotonia congénita foi estimada em 1:10.000 [Papponen *et al.*, 1999; Sun *et al.*, 2001]. A miotonia congénita pertence ao grupo de doenças da herança finlandesa e tem sido descrita com uma elevada taxa de prevalência na Finlândia e entre a etnia finlandesa.

Base genética da doença e da proteína afetada

A miotonia congénita é uma das primeiras doenças humanas comprovadamente causadas por um defeito nos canais iónicos (canalopatia). Ambos os tipos da doença são devidos a mutações no gene *CLCN1* (MIM* 118425). Este gene está localizado no braço longo do cromossoma 7 (7q35, Figura 6) [Lorenz *et al.*, 1994; Lehmann-Horn *et al.*, 1996] e o seu produto proteico representa um canal de cloreto ClC-1 das células musculares esqueléticas.

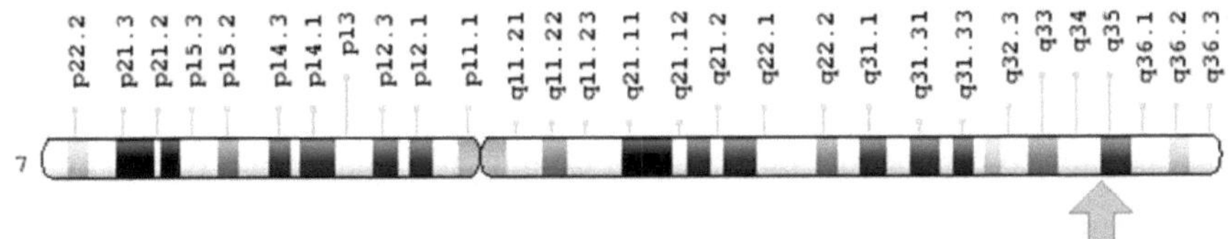

Figura 6. Localização cromossómica do gene *CLCN1* no cromossoma 7 (7q35) [https : //ghr.nlm.nih.gov/gene/CLCN 1].

A ClC-1 desempenha um papel crucial na repolarização da membrana plasmática [Brugnoni et al., 2013]. Representa uma proteína transmembrana composta por 991 resíduos de aminoácidos. De um modo geral, pode ser dividida em duas partes: domínio transmembranar amino (N)-terminal e domínio citoplasmático carboxi (C)-terminal [Tang e Chen, 2011]. A proteína funciona como um homodímero (Figura 7) - cada monómero tem 18 α-hélices, 16 das quais transmembranares. A maioria destas hélices não está orientada perpendicularmente ao plano da membrana, mas fortemente inclinada em relação a ele. A extremidade C-terminal está localizada no lado

2002 e Estévez *et al.*, 2004 e todas as mutações identificadas até à data ao longo de toda a proteína [Brugnoni *et al.*, 2013].

As mutações *CLCN1* foram também identificadas noutros tipos de miotonia. A mutação c.2680C>T (p.Arg894X) foi descrita em estado heterozigótico num doente com paralisia periódica hipercalémica [Zhang *et al.*, 1996] e distrofia miotónica tipo 2 (DM2) [Suominen *et al.*, 2008].

Diagnóstico diferencial

Na literatura, foram descritos doentes com diagnóstico clínico de miotonia congénita tipo Thomsen sem quaisquer mutações identificadas no gene do canal de cloreto ClC-1, mas num gene que codifica a subunidade a de um canal de sódio dependente da voltagem - *SCN4A* (MIM* 603967, Trip *et al*, 2007). Os defeitos *do SCN4A* estão normalmente associados a duas outras doenças neuromusculares raras: a paramiotonia congénita e a miotonia agravada pelo potássio. No entanto, as duas doenças são herdadas de forma autossómica dominante. Analogamente aos doentes com *CLCN1*, os doentes com mutação no gene *SCN4A* podem apresentar um quadro fenotípico altamente variável, complicando significativamente o diagnóstico diferencial. Até 20% dos doentes com diagnóstico clínico de miotonia congénita são, na realidade, portadores da mutação *SCN4A*. Este facto determina que a análise do gene *SCN4A* seja um segundo passo conveniente nos testes genéticos moleculares, evidentemente após a exclusão das mutações *CLCN1*.

Fisiologia e fisiopatologia da ClC-1

Até 80% da condutividade do sarcolema na célula em repouso é devida aos canais ClC-1. O papel fisiológico dos canais de Cl consiste em manter a estabilidade eléctrica da membrana. Proporcionam a restauração do estado de repouso após o potencial de ação.

O canal de cloreto funcional existe como um homodímero, estando ambos os monómeros orientados antiparalelamente um para o outro. Cada subunidade forma um poro separado, composto por 18 α-hélices com diferentes comprimentos (Figura 8). É típico dos canais ClC- que possam abrir-se em dois graus diferentes [Miller, 1982; Miller *et al.*, 1984]. A abertura e o fecho dos canais ClC-1 podem ser efectuados através de dois mecanismos de gating diferentes: "fast gating" e "slow gating" (Figura 7). Como os nomes indicam, o primeiro assegura uma abertura significativamente mais rápida do canal em comparação com o segundo. No caso do "fast gating", os poros individuais podem abrir-se e fechar-se independentemente uns dos outros [Duffield *et al.*, 2003; Dutzler, 2004]. Em contrapartida, a "porta lenta" desactiva e abre ambos os poros simultaneamente [Duffield *et al.*, 2003; Dutzler, 2004]. No entanto, de um modo geral, os mecanismos de ativação dos ClCs ainda não são bem conhecidos [Dutzler, 2004; Jentsch, 2008]. Estudos de expressão funcional levaram a um aumento significativo do conhecimento sobre a natureza dos canais ClC e a fisiopatologia da miotonia congénita [Pusch, 2002]. No caso de uma "porta lenta" fechada, os iões não podem passar através do poro. Quando a "porta lenta" está aberta, as "portas rápidas" podem abrir-se espontânea e independentemente com 3 estados diferentes de "porta rápida": com dois poros abertos, um aberto e um fechado e dois poros fechados. O transporte de H+ promove a abertura da "porta lenta" dos canais ClC. Por cada abertura ou fecho da "porta lenta", é transportado um H+ através da membrana. A "porta lenta" é também afetada pela ligação de nucleótidos de adenosina aos domínios intracelulares da cistationina b-sintase.

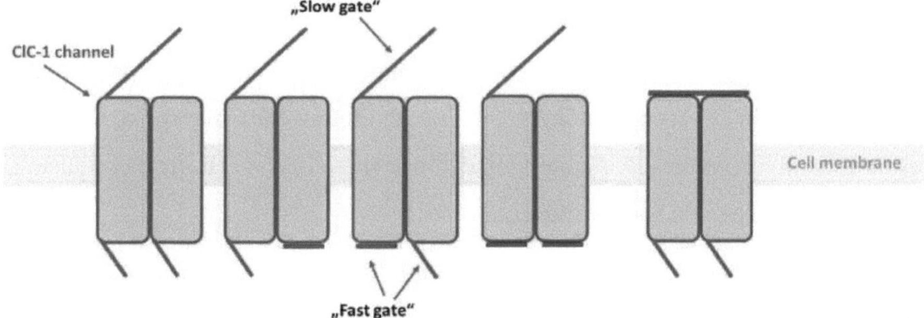

Figura 9. Apresentação esquemática de um canal de coreto da família eucariótica ClC-. Estrutura de duas barras dos ClCs com dois poros separados que podem passar iões independentemente um do outro ("fast gateing"), mas continuam ligados através do mecanismo de "slow gating" [Modificado após Pusch, 2002].

Supõe-se que as mutações que causam o tipo dominante de miotonia congénita afectam o mecanismo de "gating lento", em contraste com as mutações recessivas que afectam um dos "gates rápidos" [Saviane *et al.*, 1999; Duffield *et al.*, 2003]. As mutações dominantes causam um efeito dominante negativo da subunidade mutante em relação à subunidade de tipo selvagem, induzindo um desvio da dependência de voltagem do canal ClC. No caso do tipo recessivo, o canal mutante apresenta geralmente uma perda total de função em ambos os monómeros [Pusch *et al.*, 1995; Pusch, 2002]. Isto pode explicar porque é que as mutações no mesmo gene podem levar à manifestação de uma condição dominante e recessiva, bem como porque é que o tipo recessivo de miotonia congénita é normalmente caracterizado por um quadro fenotípico mais grave. A presença de um certo número de canais com funcionamento normal nos indivíduos heterozigóticos (no caso de herança dominante) pode ainda proporcionar uma passagem suficiente de iões Cl através do sarcolema. No entanto, foram comunicadas mutações com características electrofisiológicas correspondentes a uma herança dominante em pedigrees com herança autossómica recessiva [Kubisch *et al.*, 1998; Pusch, 2002].

Terapia e prognóstico da doença

Em alguns casos de miotonia congénita não é necessário aplicar qualquer terapia ou o efeito terapêutico dos medicamentos não ultrapassa os efeitos secundários que provocam. Se ainda assim for necessário, podem ser utilizados os seguintes medicamentos para aliviar os sintomas: chinina, fenitoína, carbamazepina, mexiletina e outros anticonvulsivantes. A fisioterapia e outros métodos de reabilitação podem ser úteis para a facilitação da função muscular.

Geralmente, a miotonia congénita não é uma doença letal, mas os indivíduos gravemente afectados podem ser expostos a situações de risco de vida devido à impossibilidade de se afastarem de um perigo potencial [Chen Sun, 2011].

Capítulo 2. Materiais e métodos

Doentes

Durante o presente estudo, 516 probandos foram submetidos a testes genéticos moleculares, incluindo doentes com diagnóstico clínico de miotonia congénita tipo Becker e recém-nascidos provenientes de duas presumíveis regiões endémicas da Bulgária.

1. Doentes com diagnóstico clínico de miotonia congénita tipo Becker: 11 doentes de 9 famílias e 21 indivíduos relacionados: um irmão sem sintomas, um parceiro não relacionado, um feto (testado no período pré-natal) e 18 pais, num total de 32 probandos.

2. Rastreio de mutações em regiões presumivelmente endémicas:

- Região de Gotse Delchev: 116 recém-nascidos da região e 107 controlos de todo o país

- Região de Mezdra: 154 recém-nascidos da região e 107 controlos de todo o país.

Os pacientes foram diagnosticados como miotonia congénita tipo Becker e encaminhados para análise genética pelos seguintes centros médicos:

1. Hospital Pediátrico Universitário, Universidade de Medicina, Sófia, Bulgária

2. Hospital Universitário de Neurologia e Psiquiatria "St. Naum", Sófia, Bulgária

3. Hospital Universitário "Alexandrovska", Sófia, Bulgária

4. Hospital Universitário "Tsaritsa Yoanna", Sófia, Bulgária

5. Hospital Universitário "SofiaMed", Sófia, Bulgária.

O estudo foi aprovado pelo Comité de Ética da Sofia Medical University. Foi obtido o consentimento informado por escrito de todos os pacientes ou dos seus pais.

O estudo foi parcialmente apoiado pelo subsídio n.º 1/2016, Universidade Médica de Sófia, Bulgária.

Material biológico

Para as necessidades da análise de ADN em geral e neste estudo específico, é utilizado ADN com elevado peso molecular isolado de leucócitos do sangue periférico. O rastreio da heterozigotia foi efectuado em ADN isolado de manchas de sangue seco de cartões Guthrie [Todorova *et al.*, 1999]. As amostras foram fornecidas pelo Laboratório Nacional de Genética, Sofia, e recolhidas para as necessidades do rastreio da fenilcetonúria neonatal (Figura 10).

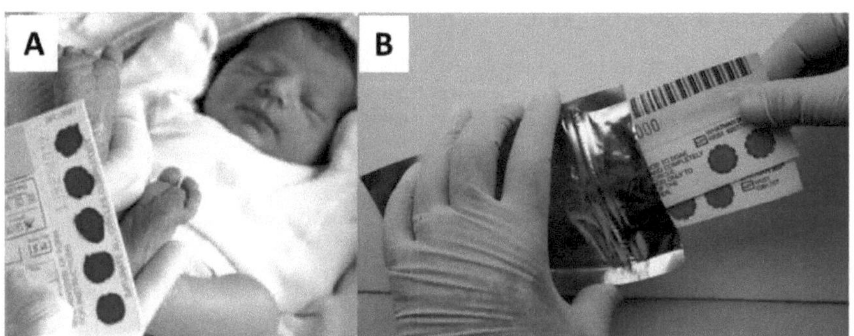

Figura 10. Cartões Guthrie. A. Procedimento de picada no calcanhar para recolha de amostra de sangue no Cartão Guthrie; B. Preparação para transporte numa embalagem protetora [http://www.spotonsciences.com/dbstechnology/].

Métodos
Extração de ADN

O ADN com elevado peso molecular foi extraído de todos os doentes e dos seus familiares a partir de amostras de sangue periférico, seguindo o procedimento de salga de Miller *et al.*, 1988.

Para extrair o ADN dos cartões Guthrie, foi necessário utilizar um kit de extração de ADN altamente eficaz. O procedimento de extração foi executado de acordo com as instruções do fabricante (NucleoSpin Tissue, MACHEREY-NAGEL, Alemanha).

A concentração e a qualidade do ADN obtido foram avaliadas por espetrofotometria direta.

Reação em cadeia da polimerase

Todos os exões codificantes e os limites intrão/exão do gene *CLCN1* foram amplificados por Reação em Cadeia da Polimerase (PCR). Os primers específicos foram concebidos através de um software de previsão in silico [https://genome.ucsc.edu/cgi-bin/hgPcr]. As sequências dos iniciadores estão disponíveis mediante pedido. Foram aplicadas condições padrão de PCR: Concentração do iniciador 0,4 µM. 0,2 mM dNTPs, 1x tampão de reação PCR fornecido (Genet Bio, Chungnam, Coreia) e 0,5 U Prime Taq (Genet Bio, Chungnam, Coreia). Todos os primers foram concebidos de forma a obter amplicões com uma temperatura de recozimento de cerca de 60° C.

Sequenciação Sanger

Pequenas alterações nucleotídicas no gene *CLCN1* foram detectadas por sequenciação Sanger. Os produtos da PCR foram purificados enzimaticamente (ExoSAP-IT®, Amersham Biosciences Corp.), com base no método descrito por Werle *et al.* [1994]. O reagente representa uma combinação de duas enzimas hidrolíticas, a Exonuclease I e a Fosfatase Alcalina de Camarão, num tampão conveniente. A reação de sequenciação foi realizada pelo BigDye®Terminator v.3.1 (Applied Biosystems, Foster City, CA, EUA), que contém Thermo Sequenase II DNA-polimerase e nucleótidos marcados com fluorescência.

A eletroforese capilar dos produtos de sequenciação obtidos foi efectuada num sequenciador automático ABI Prism 3130 Genetic Analyzer. Os dados de sequenciação foram processados automaticamente pelo software de recolha de dados ABI3130 e analisados pelo software Sequencing Analysis v5.1.1 (Applied Biosystems, Foster City, EUA).

Amplificação de sonda dependente de ligação multiplex (MLPA)

As grandes deleções e duplicações não podem ser detectadas através da sequenciação Sanger. Para identificar este tipo de defeitos, foi aplicada a Multiplex Ligation-Dependent Probe Amplification (MLPA) [Schouten et al., 2002; www.mlpa.com]. O kit SALSA MLPA P350 CLCN1-KCNJ2 foi utilizado para testar os nossos doentes

Family	Tested family members	Present parents for genetic testing	Sex	Age at genetic testing	Age of onset (years)	Origin	Birthplace	Mutation in *CLCN1* gene (1)	Type of mutation	Inherited from	Mutation in *CLCN1* gene (2)	Type of mutation	Inherited from
1	one child	both	female	11	11	Bulgarian	Bolyartsi, Plovdiv region	c. 1471+1G>A	splice-site	mother	c. 2680C>T, p.(Arg894*)	nonsense	father
2	one child	both	male	26	11	Bulgarian	no data	c. 1471+1G>A	splice-site	father	c. 2680C>T, p.(Arg894*)	nonsense	mother
3	two sisters	both	female	5	5	Bulgarian Turkish	Breznitsa, Gotse Delchev region	c. 817G>A, p.Val273Met	missense	mother	c. 817G>A, p.Val273Met	missense	father
			female	3	3			c. 817G>A, p.Val273Met	missense	mother	c. 817G>A, p.Val273Met	missense	father
	fetus		-	Tested prenatally	-			c. 817G>A, p.Val273Met	missense	unknown	normal	-	-
	second cousin	both	female	4	2	Bulgarian Turkish	Breznitsa, Gotse Delchev region	c. 817G>A, p.Val273Met	missense	mother	c. 817G>A, p.Val273Met	missense	father
4	one child	both	female	28		Bulgarian	Plovdiv	c. 1471+1G>A	splice-site	mother	c. 1471+1G>A	splice-site	father
5	sister and brother	both	male	25	4	Bulgarian	Lik, Mezdra region	c.1571A>G, p.Tyr524Cys	missense, **novel**	mother	c.1571A>G, p.Tyr524Cys	missense, **novel**	father
			female	28	no symptoms			c.1571A>G, p.Tyr524Cys	missense, **novel**	unknown	normal	-	-
	sister's husband	none of them	male	36	no symptoms	Bulgarian	Varna	c.2284+5C>T	splice-site	-	c.501C>G, p.Phe167Leu	missense	-
6	one child	both	male	4	2	Bulgarian Turkish	Veliki Preslav	норма	-	-	normal	-	-
7	one child	both	male	5	2	Bulgarian	Burgas	норма	-	-	normal	-	-
8	brother and sister	both	male	11	1	Bulgarian Turkish	Breznitsa, Gotse Delchev region	c.1436_1449delTACCCTGCGGAGGC, p.Pro480HisfsTer24	deletion, frameshift	father	c. 817G>A, p.Val273Met	missense	mother
			female	4	no symptoms			c.1436_1449delTACCCTGCGGAGGC, p.Pro480HisfsTer24	deletion, frameshift	father	normal	-	-
9	one child	none of them	male	no data	no data	Italian	Rome	c.1444G>A, p.Gly482Arg	missense	-	c.(2490+1_2490-1)_(3054+?)	deletion	-

Dados clínicos e resultados de genética molecular

22

Famílias 1 e 2

Apresentação clínica

A doente da família 1 é uma mulher de 11 anos com os primeiros sintomas que consistem em rigidez muscular após um período prolongado de repouso, mas sem agravamento quando exposta a baixas temperaturas ambientais. Apresentava rigidez do *quadríceps femoral* ao subir escadas e uma ligeira miotonia de percussão do tenar. O relaxamento dos músculos da mão era impossível após uma contração voluntária. Os resultados do EMG mostram a presença de descargas miotónicas, tripletos e fibrilações. Não se registaram problemas no que respeita ao estado pulmonar e cardíaco.

O caso 2 representa um doente do sexo masculino, de 26 anos de idade, cujo principal problema é a rigidez muscular nos membros superiores e inferiores. Os primeiros sintomas manifestaram-se aos 11 anos de idade e o doente observou rigidez muscular sobretudo após exercício físico excessivo.

Testes genéticos moleculares

A sequenciação por Sanger de todos os exões codificantes e dos limites exão/intrão do gene *CLCN1* de ambos os doentes das famílias 1 e 2 revelou que eram portadores heterozigóticos compostos das mesmas duas mutações: uma mutação no local de splice c.1471+1G>A e uma mutação nonsense c.2680C>T, p.(Arg894*) (Figura 11).

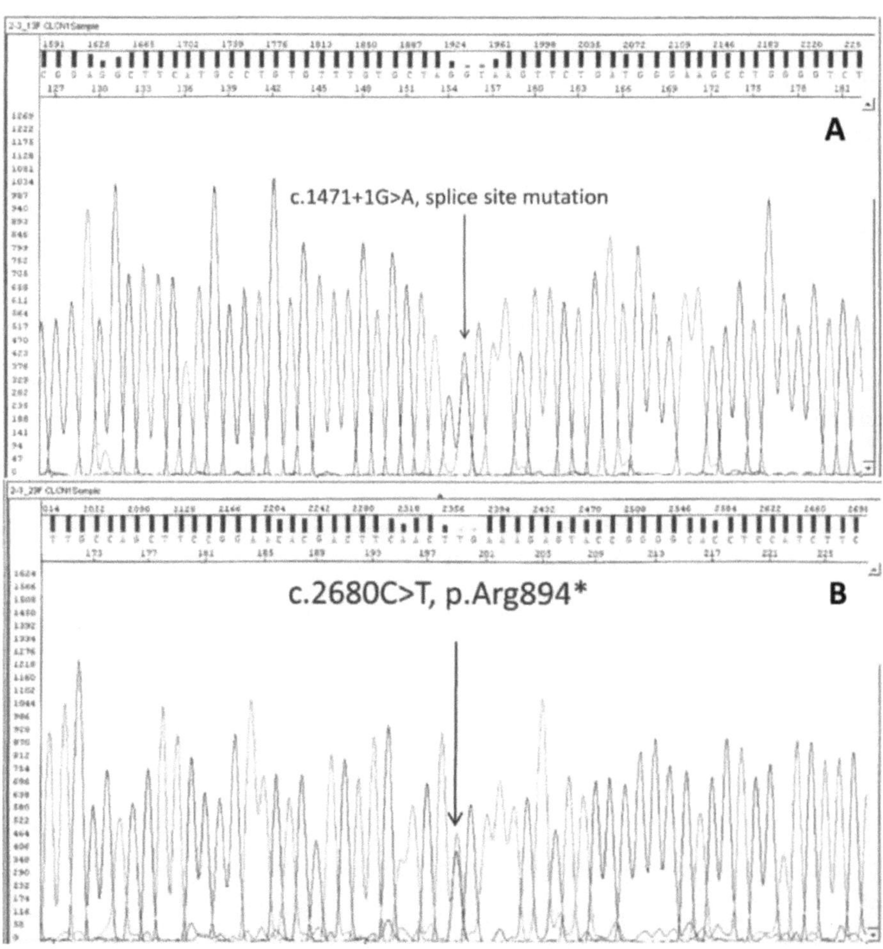

Figura 11. Perfil de sequenciação do *CLCN1* dos doentes 1 e 2. É apresentada uma parte do exão 13 e do intrão 13, incluindo a mutação no local de splice c.1471+1G>A (painel A), e uma parte do exão 23 na área da mutação nonsense c.2680C>T, p.Arg894* (painel B). Ambas as mutações são encontradas em estado heterozigótico.

A Figura 12 apresenta a estrutura putativa da proteína ClC-1 [Dutzler *et al.*, 2002; Estevez *et al.*, 2004; Brugnoni *et al.*, 2013]; os domínios afectados por todas as mutações identificadas estão designados.

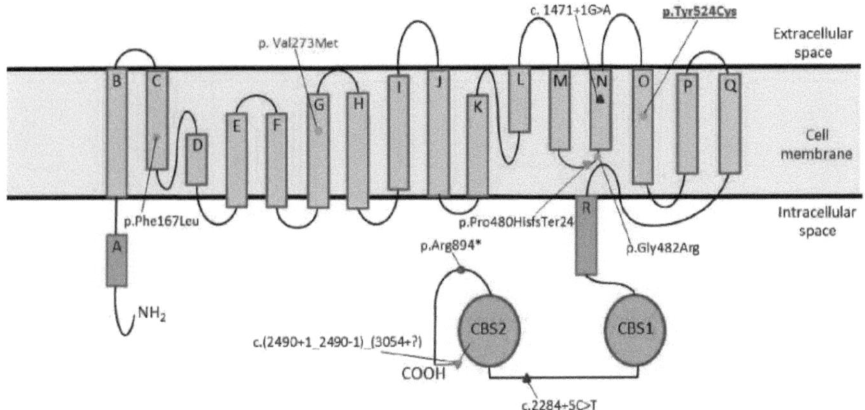

Figura 12. Estrutura da proteína ClC-1. Os rectângulos azuis representam as hélices a transmembranares do canal de cloreto. Todas as mutações encontradas nos nossos doentes estão assinaladas. Foram utilizados os seguintes símbolos: círculo laranja - mutação missense, círculo vermelho - mutação nonsense, triângulo púrpura - mutação no local de união, triângulo invertido verde - deleção. A nova mutação missense está sublinhada. As mutações de especial interesse do ponto de vista da população estão escritas a vermelho.

Família 3

Apresentação clínica

Deve ser dada especial atenção à família 3: apareceram 2 irmãos, ambos do sexo feminino e com início clássico de miotonia congénita, com 5 e 3 anos de idade. A dificuldade em dar os primeiros passos após o repouso marcou o início da doença. Não foi registada fraqueza muscular. Foi observada miotonia à percussão tenar e descargas miotónicas na EMG. A família é originária de uma pequena aldeia situada na parte sudoeste do país (região de Gotse Delchev) e é de origem turca búlgara. Alguns anos mais tarde, encontrámos também a sua prima em segundo grau (uma menina de 4 anos na altura do teste genético), com as mesmas queixas. Depois de descobrirmos a causa genética molecular da doença na família, tivemos a oportunidade de efetuar também diagnósticos pré-natais na família. A Figura 13 apresenta as relações de parentesco de todos os probandos da família 3.

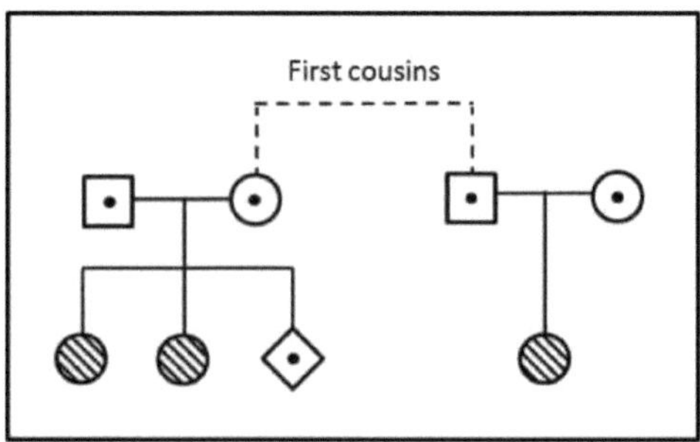

Figura 13. Relações de parentesco entre os doentes da família 3. Foram utilizados os seguintes símbolos: Quadrado - homem, círculo - mulher, diamante - sexo desconhecido (feto), símbolo vazio - indivíduo saudável, riscado - indivíduo afetado, ponto - portador da mutação *CLCN1* em estado heterozigótico.

Análise genética molecular

A sequenciação do gene *CLCN1* nas irmãs mostrou a mesma mutação missense (c.817G>A, p.Val273Met no exão 7 do gene *CLCN1*) em ambas, ainda por cima em estado homozigótico (Figura 14). Os pais, ambos portadores heterozigóticos da mutação, afirmam não ter qualquer relação de parentesco.

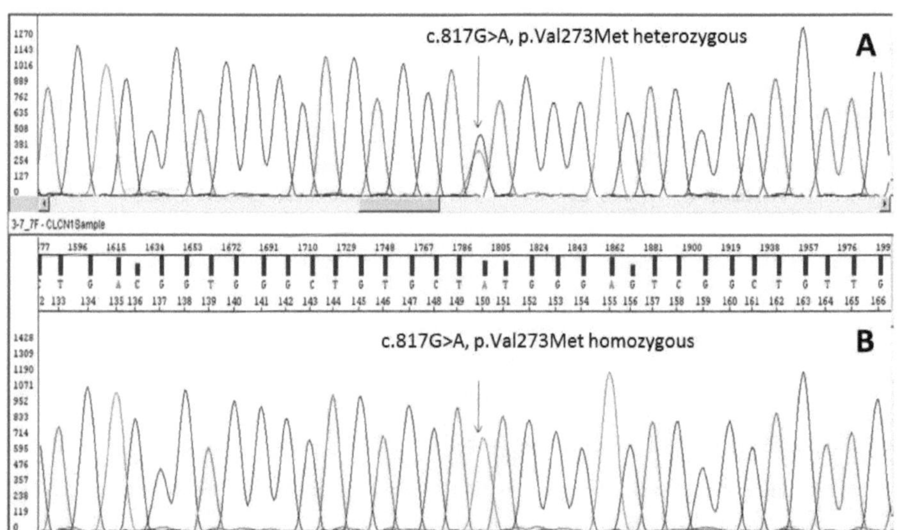

Figura 14. Perfil de sequenciação do *CLCN1* dos probandos da família 3. A mutação missense c.817G>A, p.Val273Met pode ser observada em heterozigotia

(painel A) e em homozigotia (painel B) (exão 7 do gene *CLCN1*).

Na altura em que encontrámos esta mutação, ela ainda não tinha sido relatada anteriormente. Por isso, tivemos de avaliar a patogenicidade desta variante. Com base no preditor *in silico* PolyPhen-2 [http://genetics.bwh.harvard.edu/pph2/], esta alteração nucleotídica foi prevista como sendo provavelmente prejudicial com uma pontuação de 1.000, de acordo com o HumDiv, e com uma pontuação de 0.995, de acordo com o HumVar. Posteriormente, a patogenicidade da p.Val273Met foi confirmada por Brugnoni *et al.*, 2013. Relataram a alteração nucleotídica como possivelmente prejudicial - encontraram-na numa família de origem italiana. Afecta um resíduo altamente conservado numa a-hélice transmembranar [Brugnoni, 2013] - Figura 15.

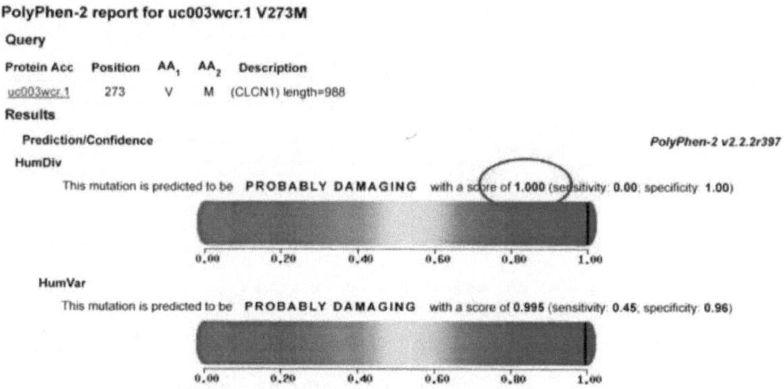

Figura 15. Avaliação da patogenicidade da variante p.Val273Met por meio do preditor *in silico* (PolyPhen-2). A variante foi inequivocamente definida como provavelmente prejudicial com uma pontuação de 1,000, de acordo com o HumDiv, e uma pontuação de 0,995, de acordo com o HumVar.

Posteriormente, testámos também um primo em segundo grau das duas irmãs afectadas, que também apresentava os mesmos sintomas de miotonia congénita. Encontrámos a mesma mutação missense, novamente em estado homozigótico, herdada de ambos os pais assintomáticos (portadores heterozigóticos).

Conscientes do seu estatuto de portadores, os pais das duas irmãs afectadas decidiram testar pré-natalmente o seu terceiro filho. Neste caso, não realizámos a sequenciação completa do gene *CLCN1*. Apenas verificámos se o feto apresentava a mutação familiar já conhecida. A análise genética molecular foi novamente efectuada por sequenciação Sanger, mas desta vez direccionada - sequenciação apenas do exão 7. Verificou-se que o feto é portador da mutação familiar apenas em estado heterozigótico, o que significa que é um portador saudável da mutação c.817G>A, p.Val273Met.

Família 4

Apresentação clínica

A doente da família 4 é uma mulher sintomática de 28 anos de idade, filha única de pais saudáveis não aparentados. Foi encaminhada para análise genética do gene *CLCN1*

com diagnóstico clínico de Miotonia congénita tipo Becker. Infelizmente, não existem dados físicos ou neurológicos pormenorizados.

Análise genética molecular

O diagnóstico clínico do doente 4 foi confirmado geneticamente através da sequenciação do gene *CLCN1*. Encontrámos novamente a mutação c.1471+1G>A no local de splice que tinha sido identificada nas famílias 1 e 2, mas desta vez em estado homozigótico. Parece que a mutação c.1471+1G>A é a mutação causadora mais frequente da miotonia congénita tipo Becker na população búlgara.

Família 5

Apresentação clínica

No início, o caso 5 era apresentado apenas por um doente do sexo masculino, de 25 anos, que tinha tido os seus primeiros sintomas aos 4 anos de idade. O quadro clínico incluía dificuldades em subir escadas, rigidez muscular, apresentação clássica do efeito de aquecimento, hipertrofia dos músculos dos membros superiores e inferiores, miotonia de percussão da testa, mas com tónus e força muscular preservados. EMG dos músculos dos membros superiores e inferiores com descargas miotónicas. Estado pulmonar e cardíaco normais. O doente é de origem búlgara e nasceu numa pequena aldeia, chamada Lik, situada nas proximidades de Mezdra (noroeste da Bulgária). Posteriormente, testámos também a irmã assintomática do doente e o seu companheiro.

Análise genética molecular

O teste genético molecular revelou uma nova mutação missense homozigótica no exão 14 do gene *CLCN1*: c.1571A>G, p.Tyr524Cys (Figura 16).

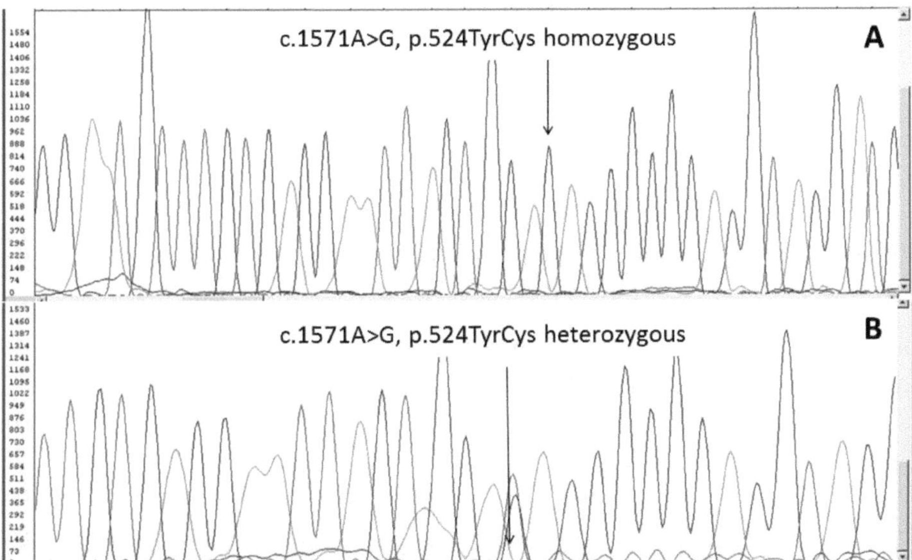

Figura 16. Perfil de sequenciação de parte do gene *CLCN1* mostrando a mutação c.1571A>G, p.Tyr524Cys encontrada na família 3 (exão 14). A. Portador homozigótico; B. Portador heterozigótico.

A patogenicidade da variante foi avaliada pelo preditor *in silico* PolyPhen-2 como provavelmente prejudicial com uma pontuação de 0,998, de acordo com o HumDiv, e uma pontuação de 0,938, de acordo com o HumVar (Figura 17).

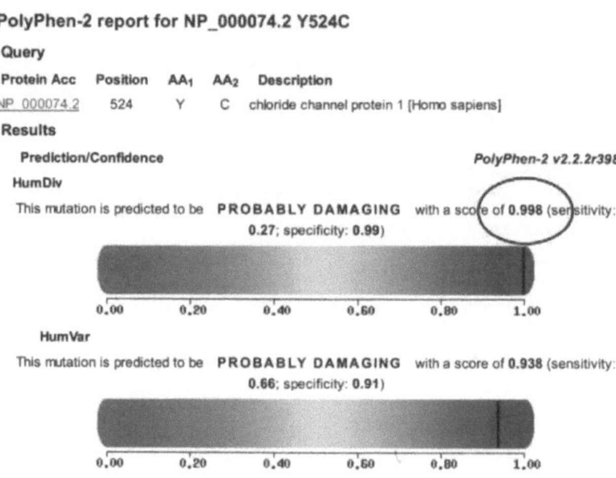

Figura 17. Avaliação da patogenicidade da variante p.Tyr524Cys por meio do preditor *in silico* (PolyPhen-2). A variante foi inequivocamente definida como provavelmente prejudicial com uma pontuação de 0,998, de acordo com o HumDiv, e uma pontuação de 0,938, de acordo com o HumVar.

A mutação está localizada no exão 14 do gene *CLCN1* e afecta muito provavelmente uma das hélices α transmembranares do canal de cloreto - a décima quinta (hélice O) (Figuras 12 e 18). A alteração do aminoácido aromático tirosina por uma cisteína polar perturba muito provavelmente as interacções hidrofóbicas no interior da membrana plasmática.

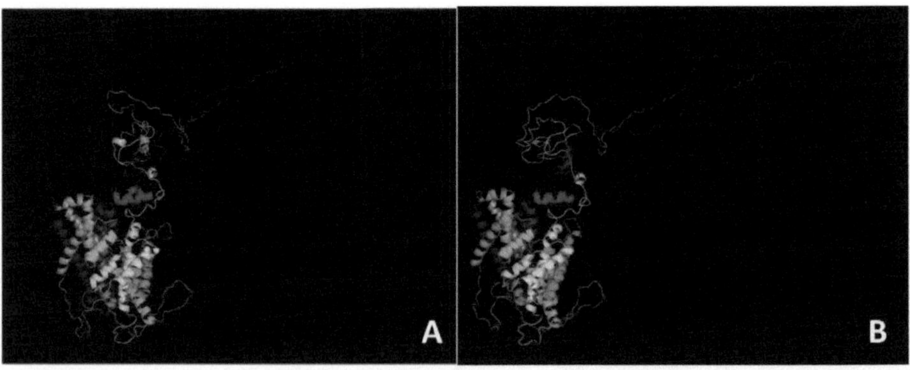

Figura 18. Modelo proteico 3D alterado da proteína ClC-1 no caso da nova

mutação p.Tyr524Cys, em comparação com a estrutura proteica normal [https:// swissmodel.expasy.org/; https://www.pymol.org/]. O nucleótido na posição 524 está marcado a magenta em ambos os painéis. A. Proteína normal; B. Proteína com mutação p.Tyr524Cys.

O doente referiu ter familiares com os mesmos sintomas nas direcções horizontal e vertical do pedigree. A Figura 19 ilustra parte do pedigree da família, segundo o paciente (não há dados clínicos disponíveis apresentados por um médico especialista).

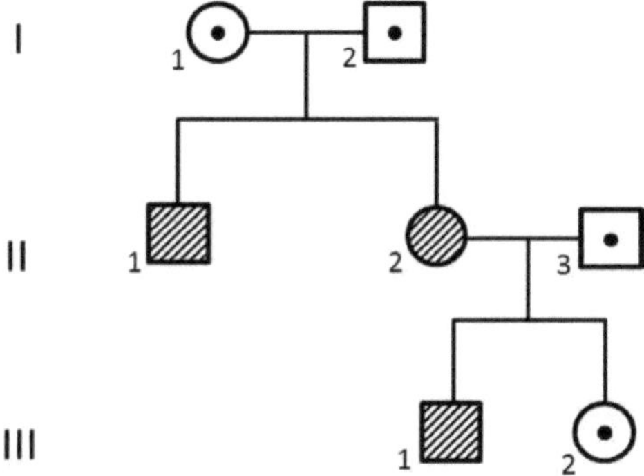

Figura 19. Parte do pedigree da família 5 que se assemelha ao modo de herança dominante, uma vez que existem indivíduos afectados em todas as gerações. Foram utilizados os seguintes símbolos: quadrado - homem, círculo - mulher, símbolo riscado - indivíduo afetado, ponto - portador heterozigótico da mutação *CLCN1*.

A hereditariedade parece ser autossómica dominante, uma vez que a doença afecta indivíduos de todas as gerações. Infelizmente, nenhum dos familiares sintomáticos estava disponível para o teste genético (falecido ou não quis participar no nosso estudo). Apenas tivemos a possibilidade de sequenciar o gene *CLCN1* na irmã assintomática do doente. Encontrámos a mutação c.1571A>G, p.Tyr524Cys em heterozigotia, o que motivou a sequenciação de todo o gene *CLCN1* no seu marido saudável, de forma a podermos assegurar um aconselhamento genético adequado no que respeita ao planeamento familiar futuro. Surpreendentemente, encontrámos duas alterações nucleotídicas: um splice-site c.2284+5C>T e um missense c.501C>G, p.Phe167Leu. Estas alterações já foram publicadas, mas os dados relatados são contraditórios, com alguns autores a considerá-las patogénicas [Sun *et al.,* 2001; Lucchiari *et al.,* 2013].

A alteração missense foi mesmo relatada em pacientes portadores de 3 mutações simultâneas no gene *CLCN1*, mas p.Phe167Leu estando sempre na mesma cópia com outra mutação missense p.Arg105Cys, e uma terceira no segundo alelo [Brugnoni *et al.,* 2013]. c.501C>G, p.Phe167Leu afecta a terceira a-hélice da proteína ClC-1 (Figura 12), causando uma ligeira mudança na probabilidade de abertura do canal, alterando assim provavelmente a sua função normal [Zhang *et al.,* 2000]. A alteração do splice-site c.2284+5C>T está localizada no intrão 18 e afecta o domínio C-terminal do canal de cloreto (Figura 12). Mas ainda há evidências de que a variante representa um polimorfismo - a posição +5 da alteração C>T torna-a uma mutação improvável no local de splice e, em algumas populações, foi descrita com uma frequência populacional demasiado elevada [http://www.lovd.nl; Chen, 2011]. Infelizmente, os pais recusaram participar no nosso estudo, impedindo-nos de determinar se as duas alterações afectam apenas uma (configuração cis) ou ambas as cópias (configuração trans) do gene.

Famílias 6 e 7
Apresentação clínica

A família 6 é representada por um rapaz de 4 anos de idade com rigidez muscular aliviada após contracções repetitivas, descargas miotónicas no EMG, miotonia de percussão, progressão da dor e rigidez muscular ao longo do tempo, hipertrofia generalizada dos membros e dos músculos do tronco, sem fraqueza muscular após teste muscular manual.

A família 7 foi encaminhada para testes genéticos devido a um rapaz cujos sintomas começaram aos 2 anos de idade. As queixas incluíam cãibras dolorosas, diminuição da descontração muscular, acompanhadas por um aspeto atlético. A família é originária do sudeste da Bulgária (Burgas). Há mais uma criança nesta família que apresenta sintomas neuromusculares - um irmão mais novo (2 anos de idade na altura do teste genético do irmão mais velho). Observa-se uma hipertrofia muscular significativa. No entanto, o quadro clínico permanece muito pouco claro e não corresponde ao típico da miotonia congénita tipo Becker.

Análise genética molecular

Infelizmente, nos casos 6 e 7 a sequenciação do gene *CLCN1* não nos permitiu detetar nenhum achado patológico que pudesse explicar o quadro clínico observado. Na família 7, foi efectuado o teste genético molecular apenas ao irmão mais velho, uma vez que o fenótipo do mais novo não supunha uma grande probabilidade de identificar mutações no gene *CLCN1*.

Família 8

Apresentação clínica

A família 8 foi de grande interesse para a nossa equipa de investigação. Foram encaminhados para análise genética porque uma das duas crianças da família apresentava um quadro clínico correspondente a miotonia congénita. O rapaz teve as suas primeiras queixas depois de começar a andar - marcha fácil, cansativa e desajeitada, movimentos difíceis após um período de repouso, dor inguinal após tentar levantar-se de uma posição sentada. Não houve agravamento devido a baixas temperaturas e após exercício físico. A EMG de agulha do *tibial anterior* mostrou descargas de alta frequência (40 - 150 Hz) com duração de alguns segundos e características miotónicas. Os pais não apresentavam quaisquer dados clínicos ou EMG para miotonia congénita.

A doente tem uma irmã com um fenótipo patológico grave que, no entanto, não respondeu à miotonia congénita. De acordo com a sua anamnese, apresentava atraso psicomotor grave com alguns elementos autistas no seu comportamento e eventos epilépticos (*status epilepticus* hemiclónico febril seguido de múltiplos ataques clónicos curtos).

Análise genética molecular

A análise do gene *CLCN1* revelou uma mutação no exão 13 - c. 1436_1449delTACCCTGCGGAGGC, p.Pro480HisfsTer24. A análise MLP A permitiu-nos identificar o doente como portador heterozigótico desta mutação (Figura 20). Posteriormente, a confirmação e a determinação exacta dos limites da deleção foram realizadas por sequenciação Sanger (Figura 21).

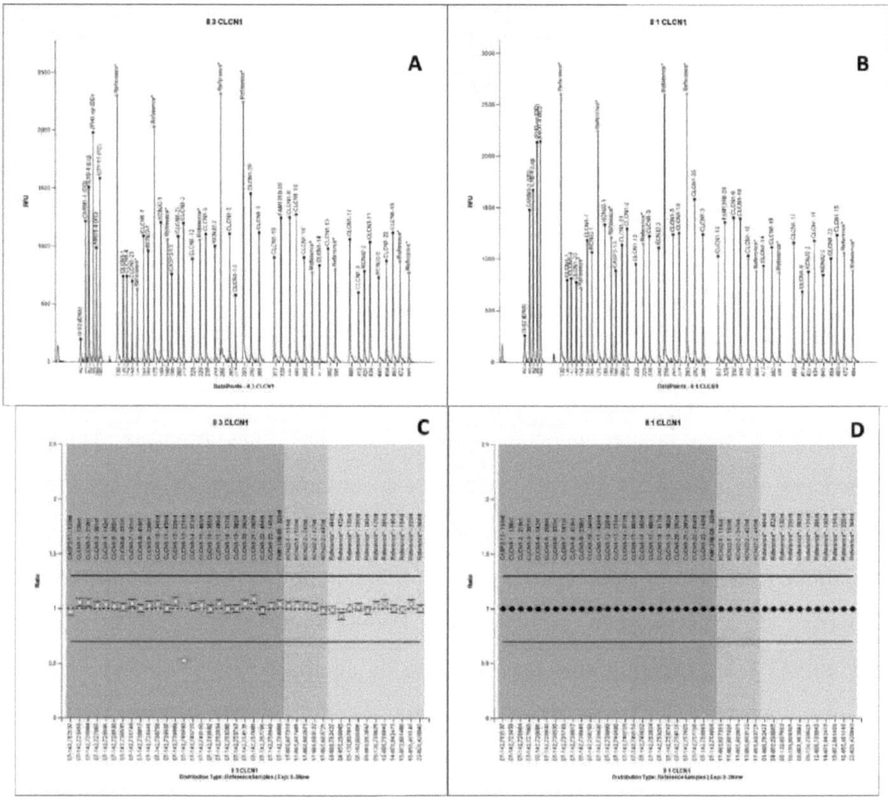

Figura 20. Análise MLPA do gene *CLCN1* no doente 8. Em comparação com um controlo saudável, observa-se uma deleção do exão 13. A. Perfil electroforético do doente. B. Perfil electroforético da amostra de controlo. C. e D. Os mesmos resultados após análise dos dados com software adequado (C. doente; D. amostra de controlo) [Coffalyser.Net - https://coffalyser.wordpress.com/].

A mutação representa uma deleção de 14 nucleotídeos que leva a um frameshift e à formação de um códon de paragem prematuro. Já foi relatada e é a segunda mutação mais comum entre os doentes com miotonia congénita de origem checa [Skalova *et al.*, 2013]. A irmã do doente também foi testada e revelou-se também portadora heterozigótica da deleção no exão 13.

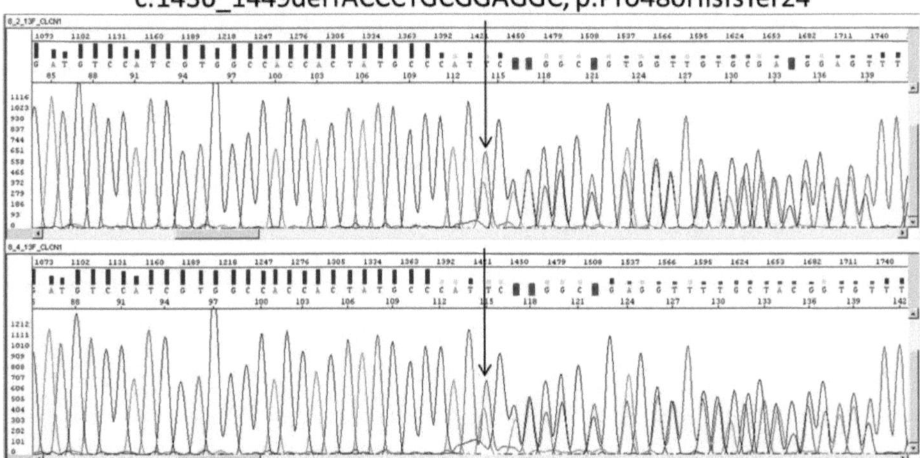

Figura 21. Perfil de sequenciação do *CLCN1* da família 8. É apresentada uma parte
do exão 13 que mostra a mutação c.1436_1449delTACCCTGCGGAGGC,
p.Pro480HisfsTer24.

Como o p.Pro480HisfsTer24 foi descrito em doentes com uma forma recessiva de
miotonia congénita, foi necessário identificar um segundo defeito *CLCN1* no nosso
doente. A família é originária da região de Gotse Delchev, além disso, da mesma aldeia
que a família 2 - Breznitsa. Por conseguinte, sugerimos que seria razoável iniciar o
teste genético molecular a partir da sequenciação do exão 7 do gene *CLCN1*, uma vez
que inclui a mutação identificada na família 2 (c. 817G>A, p.Val273Met). O resultado
confirmou a presença desta mutação missense no doente da família 8, sugerindo uma
provável relação de parentesco entre as famílias 2 e 8. No entanto, os membros de
ambas as famílias negam estar de alguma forma relacionados entre si. O estado de
portador de ambos os pais assintomáticos também foi determinado - a deleção
p.Pro480HisfsTer24 foi herdada do pai e o missense 817G>A, p.Val273Met da mãe.

Família 9

Apresentação clínica

A família 9 é a única família incluída no presente estudo que é de origem italiana. A família é apresentada apenas por um doente do sexo masculino afetado com o quadro fenotípico típico da miotonia congénita de início precoce: rigidez muscular com alívio após o exercício, hipertrofia muscular dos membros, dados EMG para miotonia. Esperamos receber também material de ambos os pais assintomáticos para efetuar uma análise genética molecular e esclarecer o seu estatuto de portador. Esta família foi fornecida à nossa equipa por um laboratório colaborador em Itália.

Análise genética molecular

Previamente, os nossos colaboradores efectuaram a sequenciação Sanger do gene *CLCN1* e identificaram uma alteração no doente - c.1444G>A, p.Gly482Arg. Esta mutação pontual foi relatada várias vezes em doentes com diagnóstico clínico de miotonia congénita tipo Becker de diferentes origens. O método utilizado (sequenciação de Sanger) tem, no entanto, algumas limitações tecnológicas - permite a deteção de pequenas alterações num determinado gene, mas não de grandes deleções e duplicações. Na ausência de uma segunda mutação, realizámos um segundo passo do teste genético molecular - análise MLPA. A MLPA permite identificar grandes reorganizações que afectam exões inteiros ou mesmo todo o gene (Figura 22). No nosso doente, encontrámos uma deleção que engloba 3 exões (21, 22 e 23) do gene *CLCN1*: c.(2490+1_2490- 1)_(3054+?). A presença de duas alterações patológicas no gene *CLCN1* confirma definitivamente, a nível genético, o diagnóstico clínico de miotonia congénita autossómica recessiva (tipo Becker). Infelizmente, para já, não é possível determinar qual a mutação herdada da mãe e qual a herdada do pai. A definição do estatuto de portador parental fará parte da investigação futura do nosso grupo.

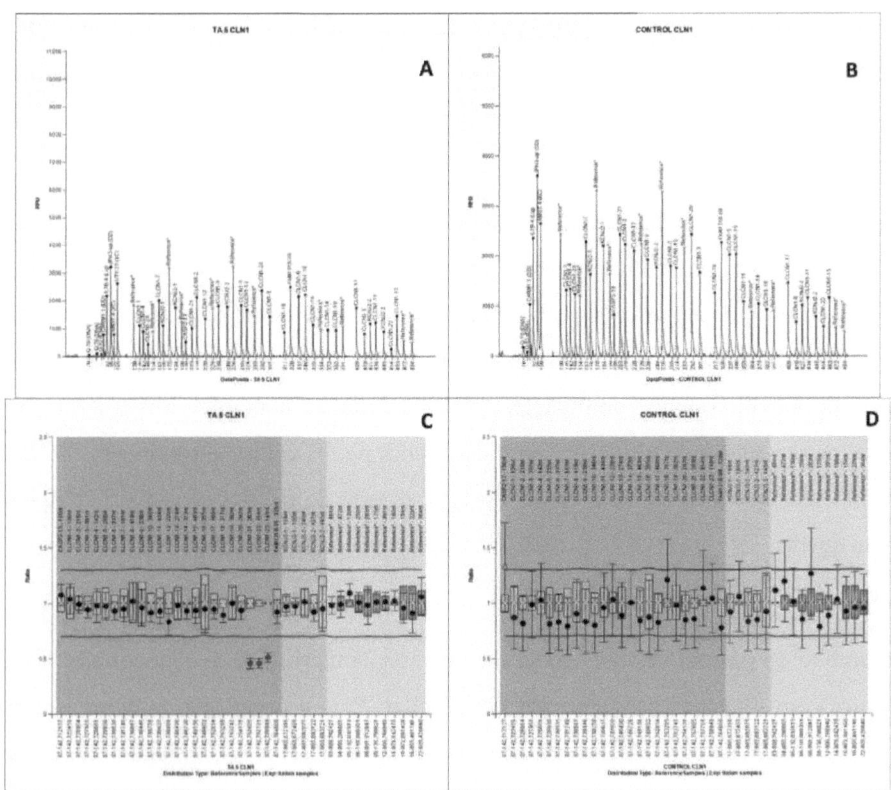

Figura 22. Análise MLPA do gene *CLCN1* no doente 9. Em comparação com um controlo saudável, observa-se uma deleção que abrange os exões 21, 22 e 23. A. Perfil electroforético do doente. B. Perfil electroforético da amostra de controlo. C. e D. Os mesmos resultados após análise dos dados com software adequado (C. doente; D. amostra de controlo) [Coffalyser.Net - https://coffalyser.wordpress.com/].

Análise genética molecular do gene *SCN4A*

Em duas das famílias incluídas no presente estudo, não conseguimos identificar quaisquer alterações patológicas no gene *CLCN1*. A fim de identificar as mutações causadoras da doença, efectuámos um rastreio de mutações também no gene *SCN4A*. Como já foi referido, foram relatados defeitos no *SCN4A* em doentes com miotonia congénita tipo Thomsen. A forma autossómica dominante da doença não é objeto do presente estudo. Ainda assim, para identificar o diagnóstico nestas duas famílias, vale a pena mencionar que os resultados foram novamente negativos. Não foram encontradas alterações patológicas no gene *SCN4A* que pudessem explicar os sintomas dos doentes. Este facto sugere que, muito provavelmente, é necessária uma revisão do diagnóstico clínico.

A alteração *CLCN1* identificada na família 5 não foi relatada até à data na literatura. Com o objetivo de confirmar que esta nova variante é realmente a mutação causadora da doença, foi necessário excluir mutações prováveis noutros genes associados à miotonia congénita. Assim, no doente 5, sequenciámos também o gene *SCN4A*. O modo de hereditariedade dominante corresponderia ao pedigree. Ainda assim, não encontrámos quaisquer alterações patológicas nas partes codificantes do gene *SCN4A*, assegurando que a nova alteração p.Tyr524Cys está de facto a causar o fenótipo do nosso doente.

Conclusão

No âmbito do presente estudo, foi realizada uma caraterização genética molecular de doentes com miotonia congénita do tipo Becker. Para a população búlgara, este é o primeiro estudo do género. Em sete de um total de nove famílias, o diagnóstico clínico foi confirmado por sequenciação ou análise MLPA do gene *CLCN1* (7/9 = 78%). A identificação da mutação causadora da doença permite rastrear o defeito no seio da família, mesmo no período pré-natal, como foi feito na família 3. A mutação c.1471+1G>A do local de splice é a mutação *CLCN1* mais comum na população búlgara. Em duas das famílias analisadas, a doença é causada por uma mutação em estado heterozigótico. Infelizmente, em duas das famílias não foram encontradas mutações causadoras da doença, mesmo após a análise genética molecular do gene *SCN4A*. Neste caso, sugerimos que seria conveniente rever o diagnóstico clínico.

Rastreio de mutações em duas regiões presumivelmente endémicas

Deve ser dada especial atenção a duas das famílias testadas. Os casos 3 e 5 são representados por um maior número de indivíduos afectados, para além de os sintomáticos serem comprovadamente portadores de uma mutação em estado homozigótico. Com base nestas evidências, supomos que possam existir duas regiões endémicas para a miotonia congénita na Bulgária (Figura 23):

1. Noroeste da Bulgária - região de Mezdra (a família afetada é originária de uma pequena aldeia chamada Lik)

2. Sudoeste da Bulgária - região de Gotse Delchev (família afetada da aldeia de Breznitsa).

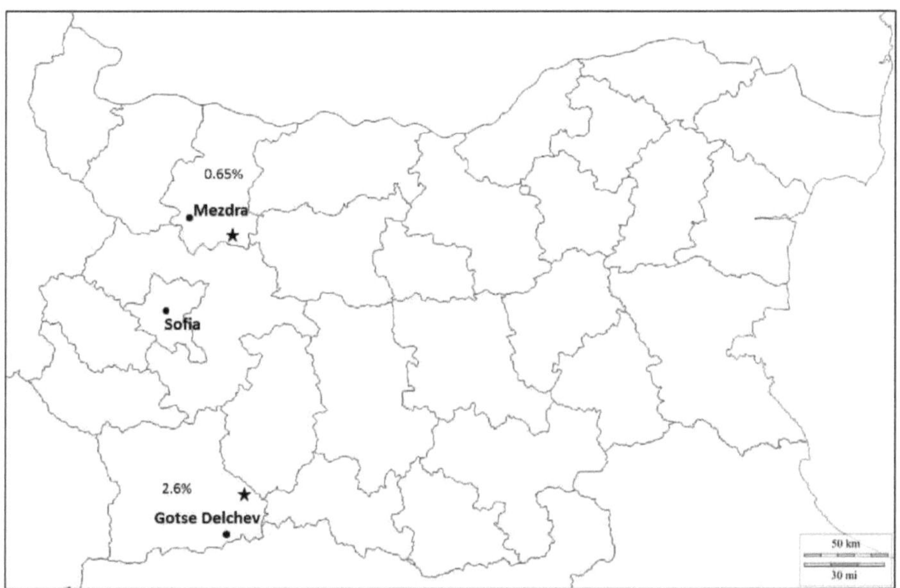

Figura 23. Regiões presumivelmente endémicas na Bulgária - regiões de Mezdra e Gotse Delchev. A localização exacta das aldeias de origem está assinalada com um asterisco.

A fim de testar esta hipótese, fizemos o rastreio das mutações correspondentes em recém-nascidos de cada uma das duas presumíveis regiões endémicas: 116 da região de Gotse Delchev e 154 da região de Mezdra, respetivamente. A mutação de interesse no que respeita à região de Gotse Delchev é a c.817G>A, p.Val273Met (no exão 7 do gene *CLCN1*), uma vez que esta é a mutação encontrada na família originária da aldeia de Breznitsa. Respetivamente, todos os recém-nascidos desta região foram testados apenas para a p.Val273Met. Para definir o estatuto de portador dos indivíduos originários da região de Mezdra, foi necessário sequenciar o exão 14 do gene *CLCN1*;

a mutação encontrada na família da aldeia de Lik está localizada neste exão. Foram também testados controlos saudáveis de todo o país: 107 para a mutação p.Tyr524Cys e 107 para a mutação p.Val273Met.

Rastreio da região de Mezdra

O doente 5 declarou ter familiares afectados por miotonia congénita, tanto na direção vertical como na horizontal da linhagem, o que se assemelha a um modo de herança dominante. Conhecendo o resultado do teste genético molecular do doente (homozigótico para a mutação c.1571A>G, p.Tyr524Cys), supomos que os casamentos endogâmicos ou a elevada frequência de portadores da mutação p.Tyr524Cys nesta subpopulação sejam a razão para a transmissão pseudodominante da doença. A família 5 é de origem búlgara. Não é típico das tradições búlgaras casar no seio da família, o que sugere que é mais provável haver uma frequência de portadores mais elevada nesta região do que explicar a homozigotia com casamentos endogâmicos. Supusemos que a região de Mezdra poderia ser endémica para a mutação em causa e realizámos um rastreio da mutação nesta parte noroeste do país - 154 recém-nascidos da região correspondente foram testados para a mutação p.Tyr524Cys. Utilizámos manchas de sangue seco de cartões Guthrie e realizámos uma amplificação direta por PCR, tal como descrito por Todorova *et al.* [1999]. Através da sequenciação do exão 14 do gene *CLCN1*, detectámos um portador heterozigótico da mutação p.Tyr524Cys, o que representa uma frequência significativa de portadores nesta subpopulação de cerca de 0,65% (1/154) (Figura 24).

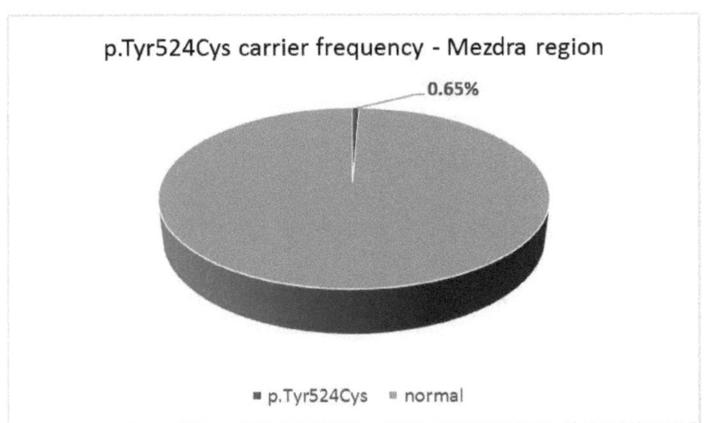

Figura 24. Resultados do rastreio seletivo na região de Mezdra relativamente à mutação p.Tyr524Cys. Foi determinada uma frequência significativa de portadores - 0,65%.

Rastreio da região de Gotse Delchev

A segunda região interessante da Bulgária no contexto da miotonia congénita tipo Becker acabou por ser a parte sudoeste do país - mais exatamente a região de Gotse Delchev. Esta região atraiu a nossa atenção devido ao Caso 3. Nesta família de origem turco-búlgara, confirmámos 3 doentes homozigóticos e 5 portadores heterozigóticos saudáveis da mutação c.817G>A, p.Val273Met. Os pais afirmaram não ser parentes, mas nesta subpopulação é tradicionalmente muito comum o casamento no seio da família. Assim, supusemos que talvez o maior número de indivíduos afectados nesta família pudesse ser explicado por casamentos endogâmicos. No entanto, decidimos rastrear 116 residentes da região correspondente - todos de origem turca búlgara (como eles próprios se definem). O estudo foi novamente efectuado em manchas de sangue seco de cartões Guthrie de recém-nascidos. Surpreendentemente, os testes genéticos moleculares mostraram uma frequência de portadores ainda maior em comparação com a p.Tyr524Cys. Confirmámos 3 portadores heterozigóticos da mutação c.817G>A, p.Val273Met, representando cerca de 2,59% de frequência de portadores (3/116) - Figura 25. Esta descoberta refuta a nossa hipótese inicial de os casamentos endogâmicos serem a causa do elevado número de membros da família afectados no Caso 3. A nível mundial, esta mutação foi descrita apenas uma vez - num doente italiano, e no nosso estudo encontrámos uma frequência inesperadamente elevada de heterozigotos na subpopulação turca búlgara da região de Gotse Delchev. Este facto coloca a questão de saber se isto pode ser devido a um efeito fundador e fornece uma base para futuras análises de haplótipos.

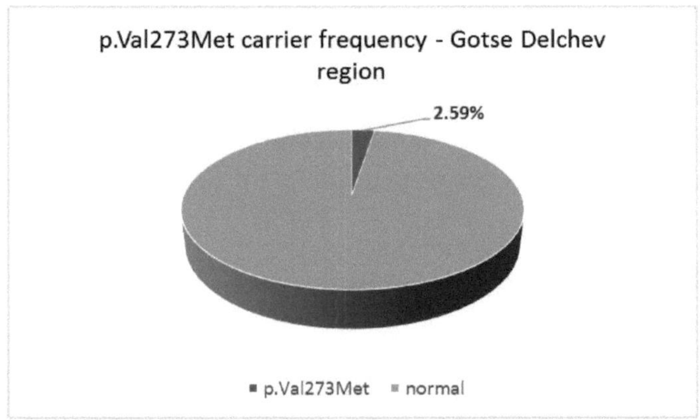

Figura 25. Resultados do rastreio seletivo na região de Gotse Delchev relativamente à mutação p.Tyr524Cys. Foi determinada uma frequência significativa de portadores - 2,59%.

Conclusão

No presente estudo, a nossa equipa formulou a hipótese da existência de duas presumíveis regiões endémicas de miotonia congénita tipo Becker na Bulgária. Mais precisamente, sugerimos uma elevada frequência de portadores da mutação p.Tyr524Cys no noroeste da Bulgária (região de Mezdra) e da p.Val273Met na parte sudoeste da Bulgária - região de Gotse Delchev. Esta hipótese foi formulada com o objetivo de explicar o elevado número de indivíduos homozigóticos nas famílias 3 e 5. O rastreio de mutações efectuado posteriormente revelou, de facto, uma frequência de portadores inesperadamente elevada nas duas regiões mencionadas. O conhecimento das particularidades genéticas de uma determinada subpopulação é de importância crucial para a prestação de aconselhamento genético adequado durante o planeamento familiar dos habitantes. Do ponto de vista teórico, o presente estudo enriquece os conhecimentos relativos às características genéticas da população búlgara e dos grupos que nela se formam naturalmente.

Capítulo 4. Resumo

O presente estudo engloba os primeiros casos geneticamente confirmados de miotonia congénita tipo Becker na Bulgária. A abordagem genética molecular aplicada (sequenciação e análise MLP A do gene *CLCN1*) levou à identificação das mutações causadoras da doença em 7 das 9 famílias testadas (78%). Todos os familiares disponíveis foram testados para as mutações familiares no *CLCN1, a* fim de clarificar o seu estatuto de portador. Numa família foi efectuado o diagnóstico pré-natal. A mutação encontrada no maior número de famílias foi uma alteração no local de splice: c.1471+1G>A, provavelmente a causa mais comum da miotonia congénita tipo Becker no contexto de toda a população búlgara. No entanto, duas famílias apresentaram um número significativo de indivíduos afectados: uma da região noroeste e outra da região sudoeste do país. Em ambas as famílias, os doentes eram portadores de mutações homozigóticas: c.1571A>G, p.Tyr524Cys e c.817G>A, p.Val273Met, respetivamente. Por conseguinte, foram estudadas duas regiões presumivelmente endémicas: para a p.Tyr524Cys, definimos uma frequência de portadores de cerca de 0,65%. Para a região de Gotse Delchev, a p.Val273Met, foi detectada uma frequência de heterozigotos ainda mais elevada: 2,59%. Estes resultados são de importância crucial para os habitantes das regiões correspondentes da Bulgária. Poderiam beneficiar de um rastreio oportuno e de aconselhamento genético adequado durante o planeamento familiar.

Como já foi referido, a miotonia congénita tipo Becker pertence ao grupo das doenças raras, sendo uma doença com prevalência inferior a 1:2000. Em termos de um país pequeno como a Bulgária, isto significa apenas casos isolados, o que complica seriamente o reconhecimento e a caraterização de uma doença deste tipo. O interesse por este grupo de doenças deve-se à sua importância global - no seu conjunto, representam um problema de saúde muito grave para a humanidade. Só estudando os diferentes membros deste grupo é que podemos acumular, paz a paz, conhecimentos sobre as características comuns das doenças raras e, no futuro, talvez possamos combatê-las. Até lá, podemos trabalhar sobre uma caraterística que liga um grande número de doenças raras - a sua hereditariedade. A genética, na sua forma clássica, permite a verificação e a prevenção de doenças congénitas, mas com o desenvolvimento da ciência e das tecnologias modernas, a genética pode representar um elemento de ligação que ajuda a compreender a patogénese e até a curar doenças raras.

Referências:

1. Basu A, Nishanth P, Ifaturoti O. (2010) Gravidez em Mulheres com Miotonia Congénita. Obstetric Anesthesia Digest. 30 (2): 135.

2. Becker P, Knussmann R, Kühn E. (1977) Myotonia congenita and syndromes associated with myotonia: clinical-genetic studies of the nonondystrophic myotonias. Thieme.

3. Becker P. (1966) Zur Genetik der Myotonien. In Kuhn, Erich. Progressive Muskeldystrophie Myotonie - Myasthenie. 247-55.

4. Birnberger K, Rüdel R, Struppler A. (1975). Observações clínicas e electrofisiológicas em pacientes com doença muscular miotónica e o efeito terapêutico da N-propil-ajmalina. Journal of Neurology. 210 (2): 99-110.

5. Bretag A, Dawe S, Kerr D, Moskwa A. (1980) Myotonia As a Side Effect of Diuretic Action. British Journal of Pharmacology. 71 (2): 467-71.

6. Brugnoni R, Kapetis D, Imbrici P *et al.* (2013) Uma grande coorte de probandos com miotonia congénita: novas mutações e uma região de mutação de alta frequência nos exões 4 e 5 do gene CLCN1. J Hum Genet. 58:581-7.

7. Chen Sun. (2011) Investigações clínicas e genéticas de pacientes com miotonia congénita no norte da Noruega. Uma dissertação para o grau de Philosophiae Doctor.

8. Coffalyser.Net. https://coffalyser.wordpress.com/

9. Colding-Jorgensen E. (2005) Phenotypic variability in myotonia congenita. Muscle Nerve. 32:19-34.

10. Duffield M, Rychkov G, Bretag A, Roberts M. (2003) Involvement of helices at the dimer interface in ClC-1 common gating. J Gen Physiol. 121(2): 149-61.

11. Duno M, Colding-Jorgensen E, Grunnet M, Jespersen T, Vissing J, Schwartz M. (2004) Diferença na expressão alélica do gene CLCN1 e a possível influência no fenótipo da miotonia congénita. Eur J Hum Genet. 12:738-43

12. Dutzler R, Campbell E, Cadene M, Chait B, MacKinnon R. (2002) A estrutura de raios X de um canal de cloreto ClC a 3,0 A° revela a base molecular da seletividade aniónica. Nature 415, 287-294.

13. Dutzler R. (2004) The structural basis of ClC chloride channel function. TRENDS in Neurosciences. 27(6):315-20.

14. PT SEMBL. http: //www. ensembl.org/index.html

15. Estevez R, Pusch M, Ferrer-Costa C, Orozco M, Jentsch T. (2004) Conservação funcional e estrutural dos domínios CBS dos canais de cloreto CLC. J. Physiol. 557, 363-378.

16. Fialho D, Schorge S, Pucovska U *et al.* (2007) Chloride channel myotonia: exon

8 hot-spot for dominant-negative interactions. Brain. 130(Pt 12):3265-74.

17. Referência doméstica de genética. https://ghr.nlm.nih.gov/

18. Gutmann L, Phillips L. (1991) Myotonia congenita. Semin Neurol. 11: 244248.

19. Heatwole C, Moxley R 3rd (2007) As miotonias não-distróficas. Neurotherapeutics 4:238-251.

20. Sociedade para a Variação do Genoma Humano. http://www.hgvs.org/mutnomen/

2 1.Ficha de informação: Sangue seco. Guidelines for the Shipment of Dried Blood Spot Specimens (Directrizes para o envio de amostras de sangue seco). (1995) Centers for Disease Control and Prevention (Centros de Controlo e Prevenção de Doenças): Gabinete de Saúde e Segurança: Biosafety Branch.

22. Jentsch TJ (2008) CLC chloride channels and transporters: from genes to protein structure, pathology and physiology. Crit Rev Biochem Mol Biol 43: 336

23. Koty P, Pegoraro E, Hobson G *et al.* (1996) Myotonia and the muscle chloride channel: dominant mutations show variable penetrance and founder effect. Neurology. 47:963-8.

24. Kubisch C, Schmidt-Rose T, Fontaine B, Bretag A, Jentsch T. (1998) Mutações do canal de cloreto ClC-1 na miotonia congénita: penetrância variável de mutações que alteram a dependência da voltagem. Hum. Mol. Genet. 7, 1753-1760.

25. Lacomis D, Gonzales J, Giuliani M. (1999) Flutuação da miotonia clínica e fraqueza da doença de Thomsen que ocorre apenas durante a gravidez. Clin Neurol Neurosurg. 101:133-6.

26. Lehmann-Horn F, Rüdel R. (1996) Molecular pathophysiology of voltagegated ion channels. Rev Physiol Biochem Pharmacol. 128:195-268.

27. Base de dados aberta de variações de Leiden. http://www.lovd.nl

28. Liu XL, Huang XJ, Shen JY *et al.* (2015) Miotonia congénita: novas mutações no gene CLCN1. Channels (Austin). 9(5):292-8

29. Lorenz C, Meyer-Kleine C, Steinmeyer K, Koch M, and Jentsch TJ. (1994) Genomic organization of the human muscle chloride channel CLC-1 and analysis of novel mutations leading to Becker-type myotonia. Hum Mol Genet. 3(6):941-6.

30. Lossin C, George A Jr. (2008) Myotonia congenita. Avanços em genética 63:25-55.

31. Lucchiari S, Ulzi G, Magri F *et al.* (2013) Avaliação clínica e eletrofisiologia celular de um doente CLCN1 recessivo. J Physiol Pharmacol. 64(5):669-78.

32. Mailänder V, Heine R, Deymeer F, Lehmann-Horn F. (1996) Novel muscle chloride channel mutations and their effects on heterozygous carriers. Am J Hum Genet. 58:317-24.

33. Mankodi A (2008). Distúrbios miotónicos. Neurologia Índia. 56(3), 298-304.

34. Mazón M, Barros F, Peña P *et al.* (2012) Rastreio de mutações em famílias espanholas com miotonia. Análise funcional de novas mutações no gene CLCN1. 22(3):231-243.

35. Miller C, White M. (1984) Estrutura dimérica de canais de cloreto simples de Torpedo electroplax. Proc. Natl. Acad. Sci. USA. 81:2772-2775.

36. Miller C. (1982) Open-state substructure of single chloride channels from Torpedoelectroplax. Phil Trans R Soc Lond B Biol Sci. 299:401-411.

37. Miller S, Dykes D, Polesky H. (1988) A simple salting out procedure for extracting DNA from human nucleated cells. Nucleic Acids Res. 1988 Feb 11; 16(3): 1215.

38. MRC-Holanda. Multiplex Ligation-dependent Probe Amplification, MLPA. www.mlpa.com.

39. Organização Nacional para as Doenças Raras (NORD). https://rarediseases.org/rare-diseases/

40. Nielsen V, Friis M, Johnsen T. (1982) Electromyographic distinction between paramyotonia congenita and myotonia congenita: Effect of cold. Neurology. 32 (8): 827-32.

4 1.Oxford Medicine Online. (2014) Evaluation and Treatment of Myopathies (2 ed.) Editado por Emma Ciafaloni, Patrick F. Chinnery e Robert C. Griggs.

4 2.Oxford Medicine Online. http://oxfordmedicine.com/view/10.1093/med/ 9780199873937. 001.0001/med-9780199873937-chapter-9.

43. Papponen H, Toppinen T, Baumann P *et al.* (1999) Mutações fundadoras e a elevada prevalência de miotonia congénita no norte da Finlândia. Neurology. 53 (2): 297-302.

44. Plassart-Schiess E, Gervais A, Eymard B *et al.* (1998) Novas mutações do canal de cloreto muscular (CLCN1) na miotonia congénita com vários modos de hereditariedade, incluindo dominância e penetrância incompletas. Neurology. 50:1176-9.

45. PolyPhen-2. http ://genetics.bwh.harvard.edu/pph2/

46. Pusch M, Steinmeyer K, Koch M, Jentsch T. (1995) Mutações na miotonia congénita humana dominante alteram drasticamente a dependência da voltagem do canal de cloreto ClC-1. Neuron. 15(6):1455-63.

47. Pusch M. (2002) Myotonia causada por mutações no gene do canal de cloreto muscular CLCN1. Hum Mutat. 19(4):423-34.

48. PyMol. https://www.pymol.org/.

49. Raman L, Yasodhara P, Ramaraju L. (1991) Calcium and magnesium in pregnancy. Nutrition Research. 11 (11): 1231-6.

50. Saviane C, Conti F, Pusch M. (1999) O canal de cloreto muscular ClC-1 tem um aspeto de duplo barril que é afetado de forma diferente na miotonia dominante e recessiva. J Gen Physiol. 113(3):457-68.

51. Schouten J *et al.* (2002) Quantificação relativa de 40 sequências de ácidos nucleicos por amplificação de sonda dependente de ligação multiplex Nucleic Acids Res 30, e57.

52. Skalova D, Zidkova J, Vohanka S *et al.* (2013) Mutações CLCN1 em doentes checos com miotonia congénita, análise in silico de mutações novas e conhecidas no canal de cloreto do músculo esquelético dimérico humano. PLoS ONE 8(12): e82549.

53. Spot On Sciences. http://www.spotonsciences.com/dbstechnology/

54. Steinmeyer K, Ortland C, Jentsch T. (1991) Primary structure and functional expression of a developmentally regulated skeletal muscle chloride channel. Nature. 354:301-304.

55. Sun C, Tranebjaerg L, Torbergsen T, Holmgren G, Van Ghelue M. (2001) Spectrum of CLCN1 mutations in patients with myotonia congenita in Northern Scandinavia. Eur J Hum Genet. 9(12):903-9.

56. Suominen T, Schoser B, Raheem O *et al.* (2008) High frequency of cosegregating CLCN1 mutations among myotonic dystrophy type 2 patients from Finland and Germany. Journal of Neurology, 255(11), 1731-1736.

57. Swiss-Model. https:// swissmodel.expasy.org/

58. Tang CY, Chen TY. (2011) Fisiologia e fisiopatologia da CLC-1: mecanismos de uma doença dos canais de cloreto, a miotonia. Jornal de biomedicina e biotecnologia. 2011:685328

59. Base de dados de mutações genéticas humanas. http://www.hgmd.org/

60. Thomsen J. (1876) Tonische Krämpfe in willkürlich beweglichen Muskeln in Folge von ererbter psychischer Disposition. Archiv für Psychiatrie und Nervenkrankheiten. 6 (3): 702-18.

61. Tincheva S, Georgieva B, Todorov T et al. (2016) Miotonia congénita tipo Becker na Bulgária: Primeiros casos geneticamente comprovados e rastreio de mutações em duas regiões presumivelmente endémicas. Neuromuscular Disorders 26 (10): 675-680.

62. Todorova A, Fracasso C, Kremensky I, Danieli GA. (1999) Mutações de nucleótido único no gene da distrofina humana. O possível papel dos motivos de sequência e dos elementos repetidos na mutagénese. Balkan J of Med Genet 2(4):13-20.

63. Trip J, Drost G, Ginjaar H *et al.* (2009) Redefinir os fenótipos clínicos das síndromes miotónicas não distróficas. J Neurol Neurosurg Psychiatry. 80(6):647-52.

64. Trip J, Faber C, Ginjaar H, van Engelen B, Drost G. (2007) Fenómeno de aquecimento na miotonia associada à mutação do canal de sódio V445M. J Neurol 254(2):257-258.

65. Universidade da Califórnia em Santa Cruz. In-Silico PCR. https: //genome .ucsc.edu/cgi-bin/hgPcr

66. Varkey B, Varkey L. Muscle hypertrophy in myotonia congenita (Hipertrofia muscular na miotonia congénita). (2003) J Neurol Neurosurg Psychiatry. 74(3):338.

67. Wakeman B, Babu D, Tarleton J, MacDonald I. (2008) Extraocular muscle hypertrophy in myotonia congenita. Jornal da AAPOS. 12 (3): 294-6.

68. Werle E *et al.* (1994) Purificação conveniente, num único passo e num único tubo, de produtos PCR para sequenciação direta. Nucleic Acids Res. 22, 4354-4355.

69. Wikipédia - a enciclopédia livre. https://en.wikipedia.org

70. Zhang J, Bendahhou S, Sanguinetti M, Ptacek L. (2000) Consequências funcionais das mutações do gene do canal de cloreto (CLCN1) que causam miotonia congénita. Neurology. 54:937-42.

71. Zhang J, George AL Jr, Griggs RC *et al.* (1996) Mutações no gene do canal de cloreto do músculo esquelético humano (CLCN1) associadas a miotonia congénita dominante e recessiva. Neurology. 47:993-8/1996.

Agradecimentos:

O estudo foi parcialmente apoiado pelo subsídio n.º 1/2016, Universidade de Medicina, Sofia, Bulgária.

Printed by Books on Demand GmbH, Norderstedt / Germany